Sitzungsberichte
der
Heidelberger Akademie der Wissenschaften
Stiftung Heinrich Lanz
Mathematisch-naturwissenschaftliche Klasse

*) *Jahrgang 1921 erschien im Verlage von Carl Winters Universitätsbuchhandlung in Heidelberg.*

Im Verlag von Walter de Gruyter & Co. vormals G. J. Göschen'sche Verlagshandlung — J. Guttentag, Verlagsbuchhandlung — Georg Reimer — Karl J. Trübner — Veit & Comp., Berlin erschienen:

Abteilung A. Mathematisch-physikalische Wissenschaften.

Jahrgang 1922.

1. PERRON, OSKAR. Neue Summationsmethoden und Entwicklungen nach Polynomen. Reichsmark 0·30
2. PERRON, OSKAR. Über transzendente Funktionen auf RIEMANNschen Flächen. Reichsmark 0·60
3. BALDUS, RICHARD. Über die singulären Punkte reeller Parameterkurven. Reichsmark 0·50

Jahrgang 1923.

1. DEECKE, W. Mitteleuropäische Meeresströmungen der Vorzeit. Reichsmark 0·60
2. LIEBMANN, HEINRICH. Die LIE'sche Cyklide und die Inversionskrümmung. Reichsmark 0·40
3. PERRON, OSKAR. Über Gleichungen ohne Affekt. Reichsmark 0·40
4. LIEBMANN, HEINRICH. Beiträge zur Inversionsgeometrie III. Reichsmark 0·40
5. KRATZERT, J. Beitrag zur Kenntnis des Andesins von Bodenmais. Reichsmark 0·50

Jahrgang 1924.

1. TH. CURTIUS und A. BERTHO. Einwirkung von Stickstoffkohlenoxyd und von Stickwasserstoffsäure unter Druck auf aromatische Kohlenwasserstoffe. Reichsmark 0·50
2. LIEBMANN, HEINRICH. Umkehrung des Variationsproblems der ebenen Affingeometrie. Reichsmark 0·60
3. SALOMON, WILHELM. Die Itensitäten alluvialer und diluvialer geologischer Vorgänge und ihre Einwirkung auf die pliocäne Rumpffläche des Kraichgaues und Odenwaldes. Reichsmark 1·20
4. HEFFTER, L. Zur absoluten Geometrie. Reichsmark 0·60
5. VAN WERVEKE, L. Über die Entstehung der lothringischen Lehme und des mittelrheinischen Lößes. Reichsmark 1·50
6. KRULL, WOLFGANG. Die verschiedenen Arten der Hauptidealringe. Reichsmark 0·50
7. ROESER, ERNST. Übergang von der nichteuklidischen Streckentrigonometrie zur Winkelmessung. Reichsmark 0·30
8. WELLSTEIN, JULIUS. Zur Differentialgeometrie der isotropen Kurven. Reichsmark 1·50
9. EWALD RUDOLF. Die geodynamischen Erscheinungen des krystallinen Odenwaldes als Beispiel einer geoisostatischen Ausgleichsschwingung. Reichsmark 1·50
10. VOELCKER, ILSE. Über eine ganz junge Verwerfung bei Rauenberg im Kraichgau. Reichsmark 0·30
11. LIEBMANN, HEINRICH. Die Aufschließung von Differentialinvarianten. Reichsmark 0·50

(Fortsetzung siehe 3. Umschlagseite.)

*) **Bestellungen auf solche Veröffentlichungen der math.-naturw. Klasse, welche früher im Verlag von Carl Winters Universitätsbuchhandlung in Heidelberg erschienen sind, nimmt auch der Verlag Walter de Gruyter & Co., Berlin, entgegen.**

Sitzungsberichte
der Heidelberger Akademie der Wissenschaften
Mathematisch-naturwissenschaftliche Klasse
Jahrgang 1928. 6. Abhandlung.

Komplementäre Körper der beiden nichteuklidischen Geometrien

Von
Ernst Roeser
in Bottrop

Mit 11 Abbildungen

Vorgelegt von Herrn Liebmann
in der Sitzung vom 19. Mai 1928

Berlin und Leipzig 1928

Walter de Gruyter & Co.

vormals G. J. Göschen'sche Verlagshandlung / J. Guttentag, Verlagsbuchhandlung / Georg Reimer / Karl J. Trübner / Veit & Comp.

Komplementäre Körper der beiden nichteuklidischen Geometrien.

Einleitung.

Die komplementäre Zuordnung in der hyperbolischen Ebene ist eine doppelte, erstens die zwischen Strecken, zweitens die zwischen Strecken und Winkeln. Mißt man diese durch den Kreisbogen, so erhält man sofort eine Beziehung zur sphärischen Geometrie auf derjenigen Kugel, wo dieser Kreisbogen geodätische Linie ist. Das läßt sich für beliebige Dimensionen erweitern.

Komplementäre Figuren im Sinne von Lobatscheffskij sind solche, die sich aus denselben oder aus komplementären Stücken in verschiedener Anordnung zusammensetzen lassen. Sämtliche Seiten und Winkel der einen Figur müssen in derselben oder komplementären Form in der andern auftreten, die Zahl der rechten Winkel kann nach bestimmten Gesetzen variieren. Schneidet man solche Figuren durch Kreise und Abstandslinien, so entstehen auf diesen zugeordnete sphärische und hyperbolische Strecken.

Gehen wir zum Raum über, so gelangen wir zu komplementären Körpern. Sämtliche Kanten, Winkel und Seitenflächen sollen einander in dem oben bezeichneten Sinne entsprechen, es dürfen in keinem Körper Stücke auftreten, die nicht auch im andern enthalten sind. Schnitte mit Kugeln und Abstandsflächen werden zugeordnete hyperbolische und sphärische Figuren ergeben. Wenn wir das Prinzip weiter verfolgen, so müßten aus dem vierdimensionalen Raum sich hyperbolische und sphärische Körper herausschneiden lassen.

Die entsprechenden sphärisch-elliptischen Körper lassen sich leicht ermitteln. Es ergibt sich dabei noch ein merkwürdiges Vertauschungsgesetz der Gebilde jeder Stufe.

§ 1.

Hyperbolische Körper.

In einem rechtwinkligen dreiaxigen Koordinatensystem denken wir uns die drei Lote auf die Koordinatenebenen gefällt. Es entsteht ein Körper, der von sechs Spitzecken begrenzt wird.

Die Kantenwinkel $\lambda_{1,2,3}$ sind zugleich Neigungswinkel der Ebenen. Drei weitere Winkel $\lambda_{4,5,6}$ stoßen in P zusammen [Fig. 2], λ_7 ist der Winkel des Diagonalspitzecks $O\ A\ P\ B$.

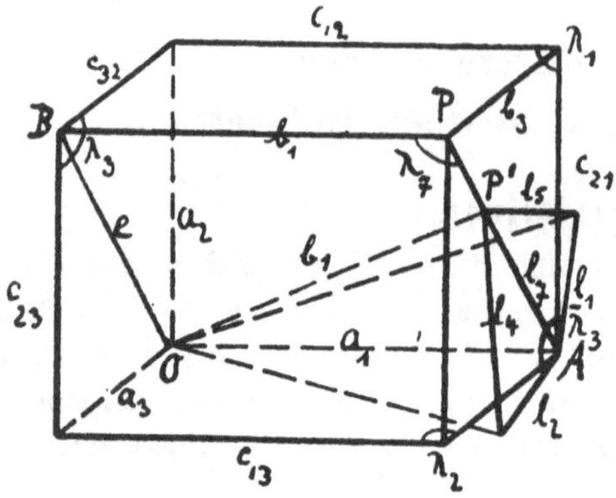

Abb. 1

Die Kanten fassen wir in drei Gruppen zusammen, die in O zusammenstoßenden sind a_i, die in P b_i, die übrigen c_{ik}. Der erste Index bezeichnet die Richtung, der zweite die andere in der betreffenden Ebene vorkommende Richtung, also damit die Ebene. $a_1\ b_1\ c_{12}\ c_{13}$ stehen sämtlich auf einer Ebene senkrecht, c_{12} liegt außerdem in der Ebene $\mathfrak{E}_{12}$ usw.

Zu diesem Körper ergibt sich eine zugeordnete 4seitige Pyramide durch folgende Konstruktion. In der Diagonalebene $O\ A\ P\ B$ werde zu $B\ P$ die Parallele $O\ P'$ gezogen, dadurch wird das dem Spitzeck zugeordnete rechtwinklige Dreieck $O\ A\ P'$ abgetrennt. Die Winkel, die $P\ A$ mit den beiden Kanten b_2 und b_3 bildet, werden in P' zu beiden Seiten in der Ebene $A\ \lambda_1\ P\ \lambda_2$ an $P\ A$ angetragen und auf die freien Schenkel von A aus die Lote gefällt. So ergibt sich die Grundfläche der Pyramide, deren Spitze in O liegt. Es ist nun zu zeigen, daß alle Stücke des Quaders als Bestimmungsstücke der Pyramide auftreten. Zu diesem Zwecke wollen wir uns die Pyramide auf andere Art entstanden denken.

Zu den vier Spitzecken, die auf der Ebene $\mathfrak{E}_{23}$ senkrecht stehen, seien die komplementären Dreiecke gezeichnet und von jedem Paar dasjenige gewählt, das als eine Kathete eine Kante der Richtung 1 enthält, dann haben auch die Hypotenusen denselben Richtungsindex. In der Ebene $\mathfrak{E}_{13}$ z. B. entsteht das Dreieck, wenn man zu c_{13} durch O die Parallele zieht. Es hat die Winkel a_3' und γ_{31}, die zweite Kathete ist l_2, wobei wie gewöhnlich

$$\Pi(l_2) = \lambda_2$$
$$a_3' = \frac{\pi}{2} - \Pi(a_3) \text{ usw. (Abb. 3).}$$

Legt man den Mantel der vier Dreiecke so zusammen, daß das obere und das vordere miteinander einen rechten Winkel bilden, so sind die übrigen Flächenwinkel bestimmt, drei sind Rechte, der hinten unten ist $\bar{\lambda}_3 = \pi - \lambda_3$ [der wagerechte Strich bedeutet den Supplement-, ein Akzent oben den Komplementwinkel.]

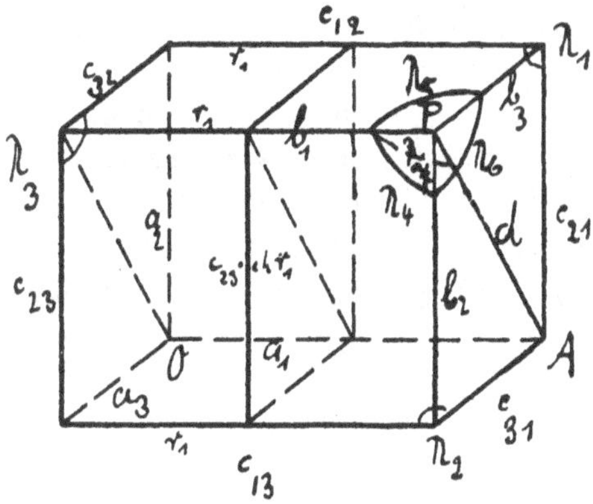

Abb. 2

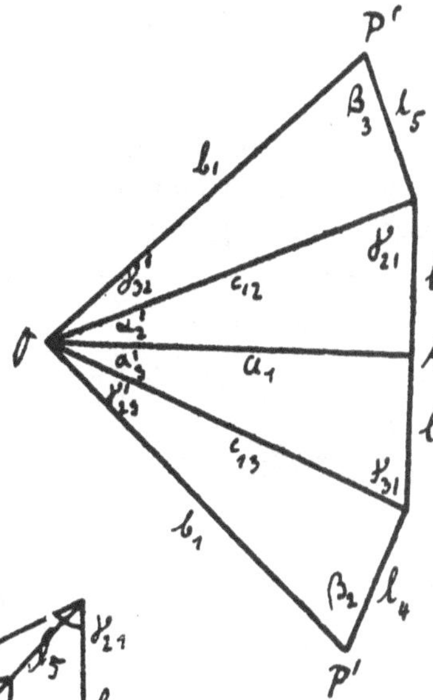

Abb. 3

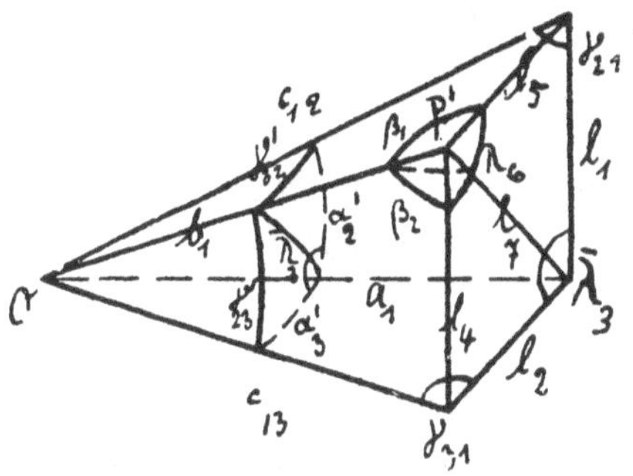

Abb. 4

Der Beweis dieser Behauptung ergibt sich, wenn man um die Spitze O der Pyramide eine Kugel $s\,h\,r = 1$ legt (Abb. 4). Dann entsteht nämlich ein sphärisches Stumpfeck, das dem hyperbolischen Spitzeck der Ebene $\mathfrak{E}_{23}$ (Abb. 2) zugeordnet ist[1]), denn ein rechter Winkel ist nach Konstruktion vorhanden und seine Seiten sind komplementäre Parallelwinkel zu den Seiten des Spitzecks. Also sind die benachbarten Winkel auch Rechte und der gegenüberliegende ist Supplement zum spitzen Winkel λ_3. Jede andere Kugel um O schneidet ein ähnliches Stumpfeck mit proportionalen Seiten heraus, denn auf jeder Kugel gilt eine sphärische Geometrie mit einer andern Konstanten $s\,h\,r_i = \varkappa_i$. Ebenso würde auf jeder zur Ebene $\mathfrak{E}_{23}$ (Abb. 2) gelegten Abstandsfläche eine hyperbolische ebene Geometrie gelten, wo die Abstandslinien die Geraden darstellen, die Konstante wäre $\varkappa_i' = chr_i'$. Eine von diesen hyperbolischen Geome-

[1]) „Der reelle Übergang", Heidelberger Berichte 26, 10. Abh.

trien ist die zu dem gewählten hyperbolischen **Raum** gehörige, wenn $\varkappa' = o$, also $c\,h\,r' = 1$, das heißt die Geometrie der Ebene $\mathfrak{E}_{23}$.

Es ist nun zu zeigen, daß die zu Anfang geschilderte Konstruktion tatsächlich die Pyramide der Abb. 4 liefert. Überzeugen wir uns zunächst, daß das Diagonaldreieck der Pyramide 4 komplementär ist zum Diagonalspitzeck des Quaders, wie das in Figur 1 zum Ausdruck kommt.

Sei im sphärischen Stumpfeck der Fig. 4 die von $\bar{\lambda}_3$ ausgehende Diagonale ε', so ist

$$cos\ \varepsilon' = cos\ \gamma_{23}' \cdot cos\ a_3' = \frac{1}{c\,h\,c_{23}} \cdot \frac{1}{c\,h\,a_3}.$$

Im linken Spitzeck sei die von λ_3 ausgehende Diagonale e, so ist:

$c\,h\,e = c\,h\,a_3 \cdot c\,h\,c_{23}$ also wirklich

$$cos\ \varepsilon' = \frac{1}{ch\,e} \text{ oder}$$

$$\varepsilon' = \frac{\pi}{2} - \Pi\,(e)$$

Da $O\,P'$ auch gleich b_1 ist, so wird die Linie $O\,P'$, wenn man die Pyramide 4 in das Prisma 2 hineinlegt, parallel zu b_1.

Daß auch die durch die Diagonalebene $O\,A\,P\,\lambda_3$ erzeugten Teilwinkel der Pyramide die richtigen sind, ergibt sich aus der Gegenüberstellung sphärischer und hyperbolischer Figuren in folgender Weise.

Um die Ecken P und P' seien Kugeln mit dem Radius $s\,h\,r = 1$ beschrieben, dann entstehen sphärische Dreiecke. Jedes von ihnen ist komplementär zu der rechten Seitenfläche des andern Körpers. Also Ecke P der Abb. 2 komplementär zu Viereck $A\,P'$ der Abb. 4 und Ecke P' von Fig. 4 komplementär zum Viereck $A\,P$ der Fig. 2, und zwar sowohl die ganzen als auch die Teile

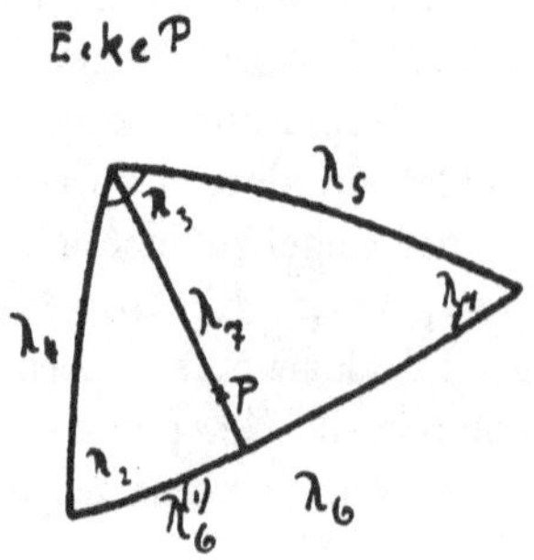

Abb. 5a

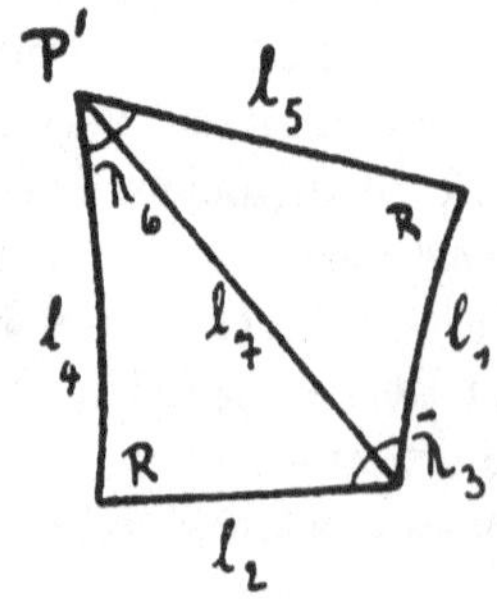

Abb. 5b

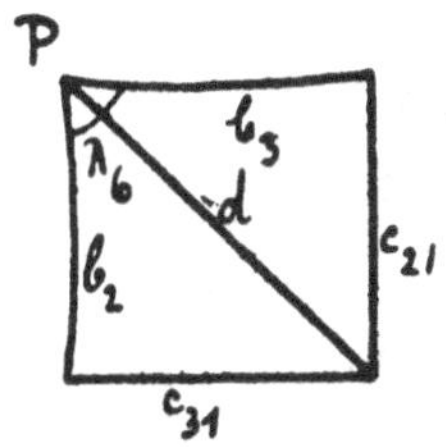

Abb. 6a

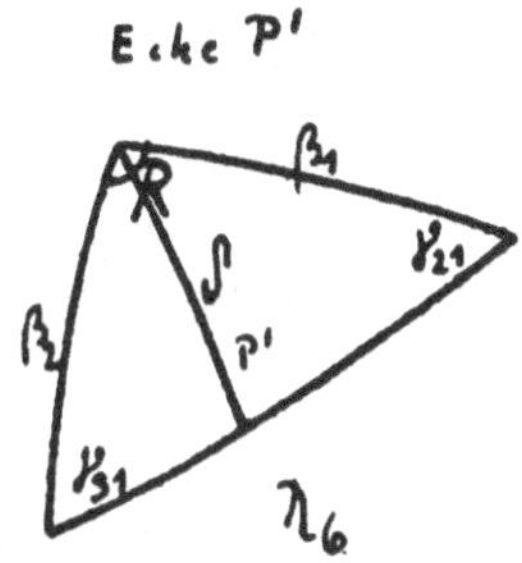

Abb. 6b

Die Figuren ergeben sich ohne weiteres aus den Abb. 2 u. 4. Die Übereinstimmung in den Teilen folgt leicht. Nennen wir z. B. in 5a den linken Teil von λ_6 $\lambda_6(^1)$, rechts entsprechend, so ist links:

$$cos\ \lambda_2 = \frac{tg\ \lambda_6^{(1)}}{tg\ \lambda_4} \quad \text{und rechts:}$$

$$tg\ \lambda_6^{(1)} = \frac{th\ l_2}{sh\ l_4} = \frac{cos\ \lambda_2}{cot\ \lambda_4}$$ Die Gleichungen stimmen in der Tat überein.

Entsprechend für $\lambda_3\,(^1)$ links:

$$cos\ \lambda_3^{(1)} = \frac{tg\ \lambda_7}{tg\ \lambda_4} \quad \text{und rechts}$$

$$sin\ \bar{\lambda}_3^{(1)} = \frac{sh\ l_4}{sh\ l_7} = \frac{cot\ \lambda_4}{cot\ \lambda_7}$$

$\bar{\lambda}_3(^1)$ ist also Komplementwinkel zu $\lambda_3(^1)$, also sind die ganzen Winkel in der Tat Supplementwinkel. Die Bezeichnung in den Figuren 5a und 5b ist somit gerechtfertigt.

Ebenso behandelt man die Figuren 6a und 6b.

Hier ist links:

$$tg\ \lambda_6^{(1)} = \frac{th\ c_{31}}{sh\ b_2} = \frac{cos\ \gamma_{31}}{cot\ \beta_2}$$

und rechts:

$$cos\ \gamma_{31} = \frac{tg\ \lambda_6^{(1)}}{tg\ \beta_2}$$ Die Gleichungen sind wieder identisch.

Damit ist bewiesen, daß beide Arten die komplementare Pyramide zu konstruieren identisch sind.

Da die Kanten a_2 und a_3 mit a_1 gleichberechtigt sind (Fig. 1), so könnten sie auch als Grundkanten Verwendung finden. Es ergibt sich der Satz:

Zu jedem hyperbolischen Quader gibt es drei komplementäre Pyramiden.

§ 2.
Sphärische Körper.

Um die entsprechenden Körper der nichteuklidischen Geometrie positiver Krümmung zu erhalten, wenden wir auf die Seiten die für den reellen Übergang charakteristische Gleichung:

$$ch\, a = \frac{1}{\cos a'}$$

an, d. h. wir ersetzen die Seiten durch die komplementären Parallelwinkel, die Winkel des rechtwinkligen Dreiecks durch ihre Komplemente. Hinzu tritt als Neues noch das Vertauschungsgesetz. Diametral gegenüberliegende Seiten werden vertauscht. Entsprechendes ergibt sich auch für die Körper. Diese Verhältnisse sind für die Ebene schon erörtert

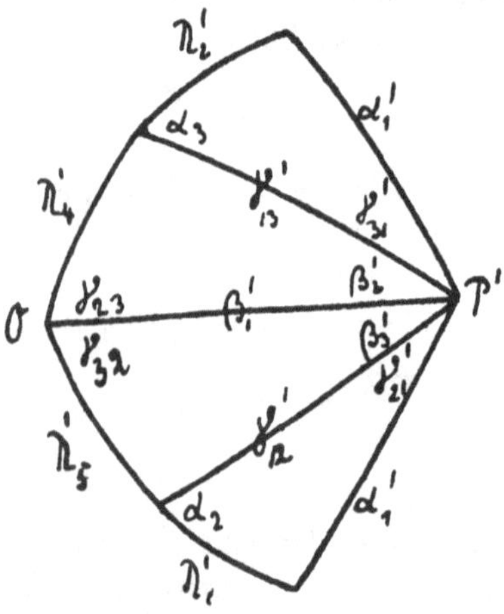

Abb. 7

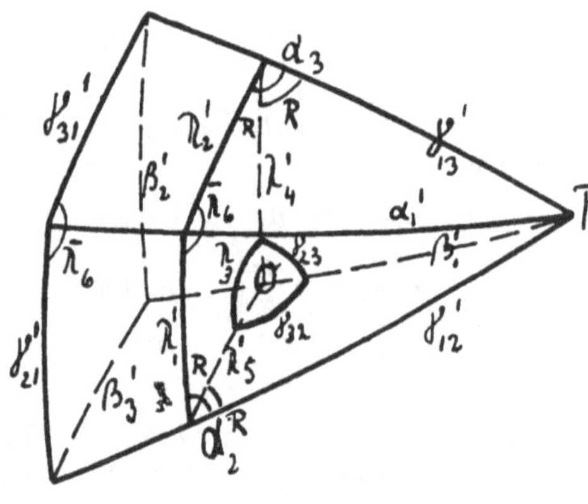

Abb. 8

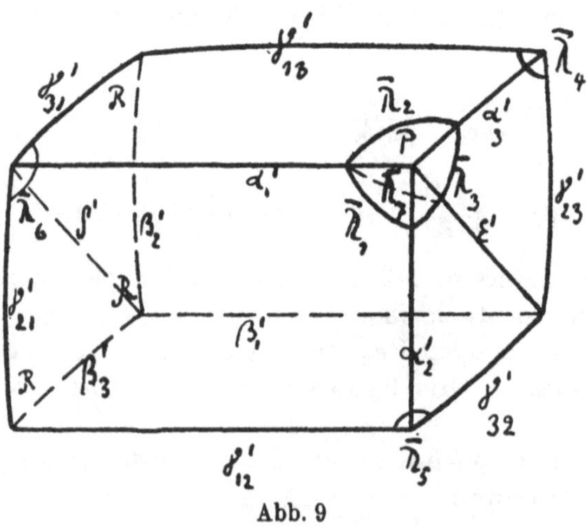

Abb. 9

in der oben zitierten Abhandlung vom reellen Übergang. Die Richtigkeit läßt sich sofort wieder mit Hilfe der Formeln nachprüfen. Zu der Abbildung 3 bestimmen wir auf diese Weise die entsprechende sphärische und setzen sie auch zu einer Pyramide zusammen. Die Ebenen zweier Dreiecke mögen wieder einen rechten Winkel bilden, so sind die andern Winkel bestimmt, weil das durch die Kugel herausgeschnittene 4Eck bestimmt ist (4 Seiten, ein Winkel).

Um P' die Spitze der Pyramide sei wieder eine Kugel gelegt, der Radius sei $\frac{\pi}{2}$, denn dann messen die Bogen gerade die Seiten der körperlichen Ecke P'. Das so entstehende Stumpfeck, das auch die linke Seite des Quaders 9, bildet ist zugeordnet dem rechten Spitzeck (Seitenfläche) des Quaders 2. Betrachten wir die Quader 2 und 9 der beiden Geometrien, so sehen wir die gegenüberliegenden Seitenflächen miteinander vertauscht und in den Flächen wieder die Seiten, so daß jede Kante mit der gegenüberliegenden vertauscht ist.

Die linke Seitenfläche der Pyramide (Grundfläche) 8 enthält dieselben Stücke wie die Figuren 5a und 5b in anderer Anordnung. Wir finden dann diese Stücke wieder als Teile der Ecke P in Abb. 9. Ebenso entsprechen sich wieder die rechte Seitenfläche von Abb. 9 und die Ecke O in Abb. 8.

Wir stellen die 4 Figuren sich wieder paarweise gegenüber, dabei muß sich herausstellen, ob die Bezeichnung gerechtfertigt ist.

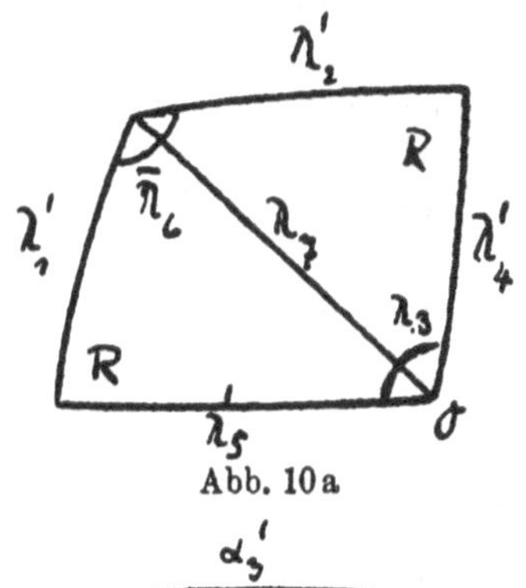

Abb. 10a

Ecke P von 9

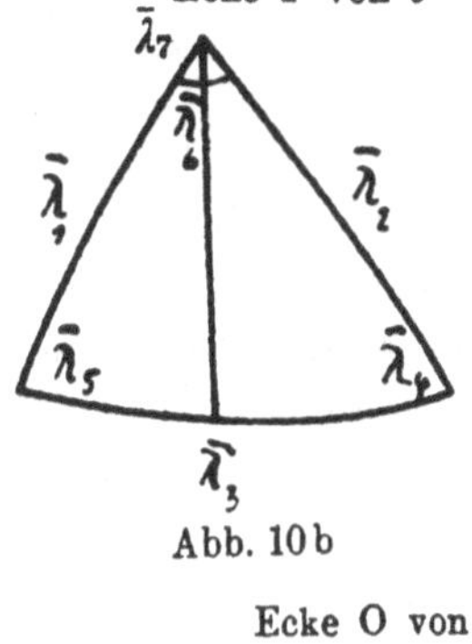

Abb. 10b

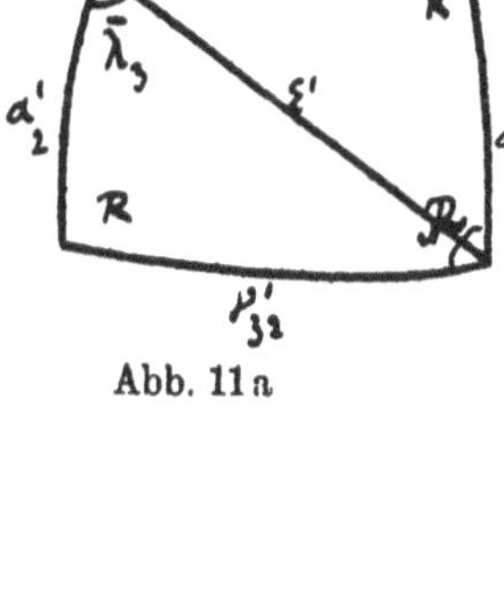

Abb. 11a

Ecke O von Fig. 8

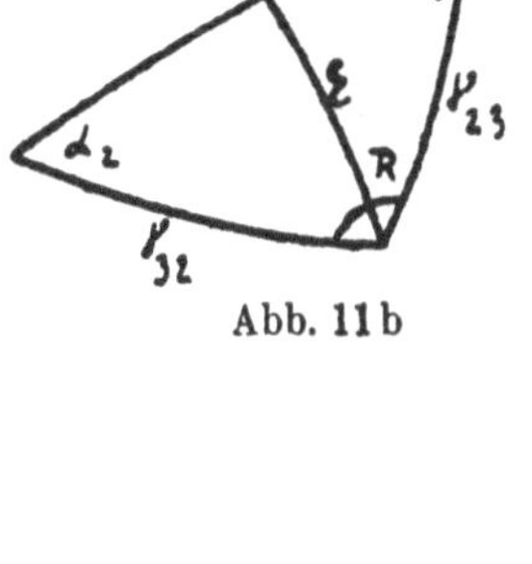

Abb. 11b

Abb. 10b folgt unmittelbar aus Abb. 9, es ist die Ecke P und außerdem die polare Figur zu Fig. 5a.

In 10a ist der Winkel links ein Rechter nach Konstruktion, also

$$\cos \lambda_7 = \cos \lambda_1' \cdot \cos \lambda_5' = \frac{1}{ch l_1 \cdot ch l_5}$$

Der Nenner der rechten Seite ist nach 5b gleich $ch\, l_7$, daher in der Tat:

$$\cos \lambda_7 = \frac{1}{ch\, l_7}; \quad \lambda_7 = \frac{\Pi}{2} - \Pi (l_7)$$

Damit erweisen sich aber die Teildreiecke von 10a (man zeigt leicht, daß auch der Winkel im rechten Dreieck ein Rechter ist[1])) als komplementär zu denen der Abb. 5b, die Winkel sind daher die Komplementwinkel in vertauschter Lage, ihre Summe ergibt die Supplementwinkel von 5b.

Abb. 11a ist das komplementäre Stumpfeck zur linken Seitenfläche (Spitzeck) des Körpers 2. Da die Diagonale dieser Fläche mit e bezeichnet ist, so wäre die von 11a ε'. Dann ist in 11a:

$$\cos \varepsilon' = \cos a_2' \cdot \cos \gamma_{32}'$$

$\sin \varepsilon = \sin a_2 \cdot \sin \gamma_{32}$ und somit die Diagonale in 11b gleich ε.

Zum Schluß dieser Betrachtungen soll noch gezeigt werden, wie man die beiden sphärischen Körper 8 und 9 auseinander konstruiert, wenn der eine gegeben ist. Wir verlängern zu dem Zweck die Kanten des Quaders nach rechts, bis sie gleich $\frac{\pi}{2}$ werden, sie schneiden sich im Pol der linken Seitenfläche. Dann trägt man vom Pol aus auf den Kanten nach rückwärts die Kanten des Quaders wieder auf; so entsteht die Pyramide.

Die beiden Körper 2 und 9 zeigen deutlich, wie die diametral gegenüberliegenden Kanten vertauscht sind. Die beiden Ecken P sind zueinander polar, d. h. die Seiten der einen sind die Supplemente der Winkel der andern und umgekehrt.

---

[1]) Nach 5b: $chl_7 = chl_2 \cdot chl_4$ oder $\frac{1}{\cos \lambda_7'} = \frac{1}{\cos \lambda_2'} \frac{1}{\cos \lambda_4'}$, also in 10a der Winkel rechts oben ein Rechter.

Abteilung B. Biologische Wissenschaften.

Jahrgang 1923.

1. Kossel, A. und R. E. Gross. Über die Darstellung und quantitative Bestimmung des Arginins. Reichsmark 0·30

Von Jahrgang 1925 ab findet die Trennung in Abteilung A und B nicht mehr statt.

Jahrgang 1925.

1. Hefftek, Lothar. Zur absoluten Geometrie II. Reichsmark 0·50.
2. Roeser, Ernst. Die komplementären Figuren der nichteuklidischen Ebene. Reichsmark 0·50
3. Fladt, Kuno. Neuer Beweis f. d. Zuordnung von rechtwinkligem Dreieck und Spitzeck in der hyperbolischen Elementargeometrie. Reichsmark 0·30
4. Salomon, Wilhelm. Beobachtungen über Harnische. Reichsmark 0·70
5. Loewy, A. Beiträge zur Algebra. 1–4. Reichsmark 1·—
6. Hellpach, Willy. 2. Mitteilung zur Physiognomik der deutschen Volksstämme Reichsmark 0·30
7. Loewy, Alfred. Neue elementare Begründung u. Erweiterung der Galois'schen Theorie. Reichsmark 2·—
8. Curtius, Theodor u. Bertho, Alfred. Einwirkung von Stickstoffkohlenoxyd und von Stickstoffwasserstoffsäure unter Druck auf aromatische Kohlenwasserstoffe. Reichsmark 0·40
9. Roeser, Ernst. Die gnomonische Projektion in der hyperbolischen Geometrie. Reichsmark 0·70
10. Rasch, G. Über die Ausnützung der Gezeiten des Meeres zur Energiegewinnung. Reichsmark 0·80
11. Salomon, Wilhelm. Magmatische Hebungen. Reichsmark 1·20
12. Pütter, A. Altersbestimmungen an Drachenbäumen von Tenerife. Reichsmark 0·90
13. Volk, Otto. Über geodätische rhombische Kurvennetze auf krummen Flächen insbesondere auf Flächen konstanter Krümmung. Reichsmark 1·10
14. Roeser, Ernst. Die Fundamentalkonstruktion der hyperbolischen Geometrie. Reichsmark 1·40
15. Rüger, L. u. Rüger-Haas, P. Palaeosemaeostoma geryonides v. Huene sp. eine sessile Meduse aus dem Dogger von Wehingen i. W. und Medusina liasica nov. sp., eine coronatenähnliche Meduse aus dem mittleren Lias von Hechingen i. Württemberg. Reichsmark 1·50

Jahrgang 1926.

1. Krull, Wolfgang. Theorie und Anwendung der verallgemeinerten Abelschen Gruppen. Reichsmark 1·70
2. Klebs, Georg. Über periodisch wachsende tropische Baumarten. Reichsmark 1·20
3. Müller, Max. Über die Oberfläche von Flächenstücken. Reichsmark 1·20
4. Ernst, Max. Über Anlagen von Organen, die nicht zur Ausbildung gelangen. Reichsmark 0·50
5. Ernst, Emil. Die optischen Eigenschaften des Andesins von Bodenmais Reichsmark 1·10
6. Liepmann, Wilhelm. Leichengeburt bei Ichthyosauriern. Reichsmark 0·90
7. Klebs, Georg. Über die Längenperiode der Internodien. Reichsmark 2·40
8. Jost, L. u. v. Ubisch, G. Zur Windefrage. Reichsmark 0·80
9. Salomon, Wilhelm. Gibt es Gesteine, die für bestimmte Erdperioden charakteristisch sind? Reichsmark 0·30
10. Roeser, Ernst. Der reelle Übergang zwischen den beiden nichteuklidischen Geometrien und ihrem Parallelenbegriff. Reichsmark 1·20
11. Salomon, Wilhelm. Kugelförmige Absonderung. Reichsmark 0·80
12. Salomon, Felsenmeere und Blockstreuungen. Reichsmark 0·80
13. Salomon, Die Gruppendefinitionen in der Paläontologie. Reichsmark 0·90

Jahrgang 1927.

1. Loewy, Alfred. Neue elementare Begründung und Erweiterung der Galoisschen Theorie. Reichsmark 1·60
2. Liebmann, Heinrich. Rhombische Geradennetze im Raum. Reichsmark 1·—
3. Volk, Otto. Über geodätische Dreiecknetze auf Flächen konstanten Krümmungsmaßes. Reichsmark 1·80
4. Pütter, A. Chemische Reizwirkung und Giftwirkung. Mit einem mathematischen Anhang: Ein Diffussionsproblem von E. Trefftz. Reichsmark 2·40
5. Rembs, Eduard. Die Verbiegung des verlängerten Rotationsellipsoids. Reichsmark 1·60
6. Mayer, Adolf. Naturwissenschaftliche Ästhetik. Reichsmark 0·90
7. Mayer, Adolf. Naturwissenschaftliche Volkswirtschaftslehre. Reichsm. 0·80
8. Baer, R., Kapferer, H., Krull. W. Schmidt, F. K. Beiträge zur Algebra. Nr. 5—10. Reichsmark 6·20
9. Müller, Max. Über die Eindeutigkeit der Intregale eines Systems gewöhnlicher Differentialgleichungen und die Konvergenz einer Gattung von Verfahren zur Approximation dieser Integrale. Reichsmark 2·50
10. Freudenberg, Karl. Intramolekulare Umlagerung optisch-aktiver Systeme Reichsmark 1·—
11. Roeser, Ernst. Abbildung der hyperbolischen Ebene auf die Kugel mittels der Beziehung zwischen Lot und Parallelwinkel. Reichsmark 1·—
12. Rüger, L. Die direkte gebirgsgetreue Übertragung der auf dem Universaldrehtisch gewonnenen Messungsergebnisse gebirgsorientierter Schliffe in das Diagramm. Reichsmark 1·20
13. Jost, L. Elektrische Potentialdifferenzen an der Einzelzelle. Reichsmark 1·90

Jahrgang 1928.

1. Rüger, L. Einige Bemerkungen zur Darstellung tektonischer Elemente, insbesonders von Klüften und Harnischen. Reichsmark 1·20—
2. Herbst, Curt. Untersuchungen zur Bestimmung des Geschlechts. Ein neuer Weg zur Lösung des Geschlechtsbestimmungsproblems bei Bonellia viridis. Reichsmark 1·50
3. Merton, Hugo. Untersuchungen über die Entstehung amöbenähnlicher Zellen aus absterbenden Infusorien. Reichsmark 2·20
4. Baer, Reinhotd. Zur Einordnung der Theorie der Mischgruppen in die Gruppentheorie. Reichsmark 2·20
5. Baer, Reinhold. Über die Zerlegungen einer Mischgruppe nach einer Untermischgruppe. Reichsmark 1·50
6. Roeser, Ernst. Komplementäre Körper der beiden nichteuklidischen Geometrien. Reichsmark 1·—

Abhandlungen
der Heidelberger Akademie der Wissenschaften

Mathematisch-naturwissenschaftliche Klasse

Abteilung A

12. Mohr, Ernst. Über den Zusammenhang zwischen der Struktur und den morphologischen Merkmalen des Diamanten. 1924. Reichsmark 3·50
13. Reinmuth, Karl. Die Herschel-Nebel, nach Aufnahmen der Königstuhlsternwarte. 1926. Reichsmark 20·—
14. Salomon, Wilhelm. Die Erbohrung der Heidelberger Radium-Sol-Therme und ihre geologischen Verhältnisse. 1927. Reichsmark 8·—

Druck: Hermann Böhlaus Nachfolger Hof-Buchdruckerei G. m. b. H. Weimar.

FSC
www.fsc.org
MIX
Papier | Fördert
gute Waldnutzung
FSC® C083411

Zeitfracht Medien GmbH
Ferdinand-Jühlke-Straße 7
99095 Erfurt, Deutschland
produktsicherheit@kolibri360.de